创新家装设计选材与预算第2季 编写组 编

创新家装设计
选材与预算 第2季

清新浪漫

机械工业出版社
CHINA MACHINE PRESS

"创新家装设计选材与预算第2季"包括简约现代、混搭之美、清新浪漫、中式演绎、低调奢华五个分册。针对整体风格和局部设计的特点，结合当前流行的家装风格，每分册又包含客厅、餐厅、卧室、厨房和卫浴五大基本空间。为方便读者进行材料预算及选购，本书有针对性地配备了通俗易懂的材料贴士，并对家装中经常用到的主要材料做了价格标注，方便读者参考及预算。

图书在版编目（CIP）数据

创新家装设计选材与预算. 第2季. 清新浪漫 / 创新
家装设计选材与预算第2季编写组编. — 2版. — 北京 ：
机械工业出版社，2016.10
　　ISBN 978-7-111-55200-0

Ⅰ．①创… Ⅱ．①创… Ⅲ．①住宅-室内装修-装修
材料②住宅-室内装修-建筑预算定额 Ⅳ．①TU56
②TU723.3

中国版本图书馆CIP数据核字(2016)第248863号

机械工业出版社（北京市百万庄大街22号　邮政编码 100037）
策划编辑：宋晓磊　　　　　　　责任编辑：宋晓磊
责任印制：李　洋　　　　　　　责任校对：白秀君
北京新华印刷有限公司印刷

2016年11月第2版第1次印刷
210mm×285mm·6印张·190千字
标准书号：ISBN 978-7-111-55200-0
定价：29.80元

目录
Contents

材料选购预算速查表

P02 水曲柳饰面板

P10 白色亚光玻化砖

P18 石膏板浮雕吊顶

P26 手绘墙饰

P34 镜面锦砖

P39 实木装饰立柱

P44 米色洞石

P50 雕花烤漆玻璃吊顶

P54 白枫木百叶

P62 铂金壁纸

P70 皮纹砖

P74 米色人造大理石

P80 雕花磨砂玻璃

P84 爵士白大理石

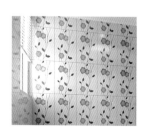

P90 艺术墙砖

清新浪漫 客厅

① 中花白大理石

② 羊毛地毯

③ 文化砖

④ 米色抛光墙砖

⑤ 米白色玻化砖

⑥ 浅啡网纹大理石

⑦ 强化复合木地板

❶ 印花壁纸

❷ 米黄洞石

❸ 密度板树干造型隔断

❹ 布艺装饰硬包

❺ 黑色烤漆玻璃

❻ 水曲柳饰面板

❼ 米黄网纹大理石

▶ 在选购饰面板时应注意观察贴面(表皮),看贴面的厚薄程度,越厚的性能越好,涂刷油漆后实木感强、纹理清晰、色泽鲜明饱和度也好;表面光洁,应无明显瑕疵,无毛刺沟痕和刨刀痕,无透胶现象和板面污染现象。要注意面板与基材之间、基材内部各层之间不能出现鼓包、分层现象;要选择甲醛释放量低的板材。可用鼻子闻,气味越大,说明甲醛释放量越高,污染越厉害,危害性也就越大。

参考价格:规格 2440mm×1220mm×3mm 135~180 元/片

1 车边银镜
2 陶瓷锦砖
3 爵士白大理石
4 有色乳胶漆
5 木质踢脚线
6 泰柚木饰面板
7 中花白大理石

❶ 白枫木装饰线

❷ 密度板造型贴灰镜

❸ 布艺软包

❹ 水曲柳饰面板

❺ 艺术地毯

❻ 密度板雕花隔断

❼ 爵士白大理石

❶ 泰柚木饰面板

❷ 混纺地毯

❸ 云纹玻化砖

❹ 黑色烤漆玻璃

❺ 印花壁纸

❻ 白枫木装饰线

❼ 仿古砖

❶ 米色网纹大理石

❷ 肌理壁纸

❸ 水曲柳饰面板

❹ 皮纹砖

❺ 爵士白大理石

❻ 热熔玻璃

❼ 大理石踢脚线

1 印花壁纸

2 木质格栅混油

3 陶瓷锦砖

4 黑镜装饰线

5 白色乳胶漆

6 雕花银镜

7 米色玻化砖

❶ 中花白大理石

❷ 印花壁纸

❸ 条纹壁纸

❹ 石膏板

❺ 艺术地毯

❻ 爵士白大理石

❼ 羊毛地毯

① 肌理壁纸
② 米色玻化砖
③ 艺术地毯
④ 云纹大理石
⑤ 车边银镜
⑥ 木质搁板
⑦ 印花壁纸

❶ 胡桃木装饰线

❷ 车边灰镜

❸ 有色乳胶漆

❹ 米黄大理石

❺ 陶瓷锦砖拼花

❻ 白色亚光玻化砖

❼ 印花壁纸

▶ 亚光玻化砖是近几年出现的一个新品种，又称全瓷砖，使用优质高岭土强化高温烧制而成，质地为多晶材料，主要由无数微粒级的石英晶粒和莫来石晶粒构成网架结构，这些晶体和玻璃体都有很高的强度和硬度，其表面光洁而又无须抛光，因此不存在抛光气孔的污染问题。

参考价格： 规格 800mm×800mm 180~300 元 / 片

① 黑白根大理石
② 强化复合木地板
③ 艺术地毯
④ 松木板吊顶
⑤ 磨砂玻璃
⑥ 印花壁纸
⑦ 仿古砖

❶ 釉面砖

❷ 有色乳胶漆

❸ 艺术墙砖

❹ 实木装饰立柱

❺ 混纺地毯

❻ 木质搁板

❼ 仿古砖

❶ 艺术墙贴

❷ 印花壁纸

❸ 黑色烤漆玻璃

❹ 米黄色玻化砖

❺ 雕花烤漆玻璃

❻ 羊毛地毯

❼ 有色乳胶漆

❶ 有色乳胶漆
❷ 米黄大理石
❸ 肌理壁纸
❹ 米色洞石
❺ 艺术墙贴
❻ 黑晶砂大理石
❼ 白色乳胶漆

❶ 白色亚光墙砖

❷ 有色乳胶漆

❸ 黑色烤漆玻璃

❹ 大理石踢脚线

❺ 中花白大理石

❻ 印花壁纸

❼ 混纺地毯

❶ 肌理壁纸

❷ 艺术地毯

❸ 中花白大理石

❹ 羊毛地毯

❺ 石膏装饰线

❻ 黑白根大理石波打线

❶ 密度板树干造型

❷ 爵士白大理石

❸ 有色乳胶漆

❹ 印花壁纸

❺ 石膏顶角线

❻ 黑色烤漆玻璃

❼ 黑白根大理石波打线

❶ 印花壁纸

❷ 米色洞石

❸ 雕花银镜

❹ 米色亚光玻化砖

❺ 石膏板浮雕吊顶

❻ 仿古砖

❼ 装饰银镜

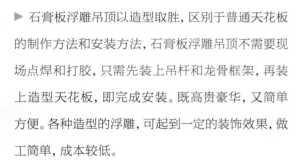

▶ 石膏板浮雕吊顶以造型取胜，区别于普通天花板的制作方法和安装方法，石膏板浮雕吊顶不需要现场点焊和打胶，只需先装上吊杆和龙骨框架，再装上造型天花板，即完成安装。既高贵豪华，又简单方便。各种造型的浮雕，可起到一定的装饰效果，做工简单，成本较低。

参考价格：规格200mm×200mm×15mm 80~120元/块

❶ 装饰银镜
❷ 米色大理石
❸ 有色乳胶漆
❹ 密度板造型隔断
❺ 米白网纹大理石
❻ 车边灰镜
❼ 米色玻化砖

1 有色乳胶漆

2 仿木纹玻化砖

3 中花白大理石

4 银镜装饰线

5 印花壁纸

6 陶瓷锦砖

7 车边银镜

1 灰镜装饰线

2 灰白洞石

3 白枫木装饰线

4 车边银镜

5 米黄色网纹玻化砖

6 有色乳胶漆

7 白色乳胶漆

1 白色人造大理石

2 黑胡桃木装饰横梁

3 仿古砖

4 米色玻化砖

5 白枫木装饰线

6 黑色烤漆玻璃

7 热熔玻璃

❶ 有色乳胶漆

❷ 羊毛地毯

❸ 爵士白大理石

❹ 云纹亚光玻化砖

❺ 不锈钢装饰线

❻ 皮革软包

❼ 黑胡桃木饰面板

❶ 车边银镜

❷ 中花白大理石

❸ 黑色烤漆玻璃

❹ 肌理壁纸

❺ 仿木纹玻化砖

❻ 条纹壁纸

❼ 石膏板

❶ 布艺软包
❷ 米色亚光玻化砖
❸ 艺术地毯
❹ 深啡网纹大理石
❺ 泰柚木饰面板
❻ 印花壁纸
❼ 灰白洞石

❶ **手绘墙饰**
❷ 羊毛地毯
❸ 装饰灰镜
❹ 肌理壁纸
❺ 石膏板拓缝
❻ 白枫木装饰线
❼ 实木装饰立柱

▶ 手绘墙饰受到年轻人的追捧, 它来源于古老的壁画艺术, 结合了欧美的涂鸦, 被众多前卫设计师带入了现代家居文化设计中, 形成了独具一格的家居装修风格。近年来, 手绘墙饰在中国年轻人家庭中特别受欢迎, 其彰显个性、时尚又不乏创意的娱乐精神, 一下就抓住了年轻人的心。

参考价格: 80~200 元 /m²

1 黑色烤漆玻璃

2 爵士白大理石

3 米色洞石

4 有色乳胶漆

5 艺术地毯

6 白枫木装饰线

7 灰白色网纹玻化砖

❶ 泰柚木饰面板

❷ 木质踢脚线

❸ 车边灰镜

❹ 松木板吊顶

❺ 有色乳胶漆

❻ 石膏板拓缝

❼ 艺术地毯

1 白枫木装饰线

2 有色乳胶漆

3 羊毛地毯

4 石膏顶角线

5 密度板雕花

6 黑色烤漆玻璃

7 米黄网纹大理石

❶ 密度板雕花隔断

❷ 泰柚木饰面板

❸ 中花白大理石

❹ 黑色烤漆玻璃

❺ 白枫木格栅吊顶

❻ 印花壁纸

❼ 仿古砖

① 泰柚木饰面板

② 中花白大理石

③ 白枫木装饰线

④ 印花壁纸

⑤ 羊毛地毯

⑥ 密度板树干造型隔断

① 白松木板吊顶

② 有色乳胶漆

③ 白枫木格栅吊顶

④ 泰柚木饰面板

⑤ 陶瓷锦砖拼花

⑥ 羊毛地毯

清新浪漫 餐厅

① 密度板雕花隔断

② 米色玻化砖

③ 水曲柳饰面板

④ 密度板混油

⑤ 仿古砖

⑥ 有色乳胶漆

⑦ 白枫木饰面板

① 木质搁板

② 雕花银镜

③ 镜面锦砖

④ 木质踢脚线

⑤ 有色乳胶漆

⑥ 大理石踢脚线

⑦ 米白色玻化砖

▶ 镜面锦砖的外观有无色透明的、着色透明的、半透明的，还有带金色、咖啡色的。镜面锦砖具有色调柔和、朴实、典雅、美观、大方、化学稳定性强、冷热稳定性好等优点，而且还有不变色、不积尘、重量轻、黏结牢等特性。由于反光性强，镜面锦砖常用来装饰背景墙等，是目前较受欢迎的安全环保建材。镜面锦砖算是最小巧的装修材料，可能的组合变化性非常多，一般采用纯色或点缀的铺贴手法。

参考价格： 规格320mm×320mm×8mm 58~180元/片

❶ 松木板吊顶

❷ 釉面砖

❸ 条纹壁纸

❹ 有色乳胶漆

❺ 木质踢脚线

❻ 仿古砖

❼ 钢化清玻璃

❶ 仿古砖

❷ 深啡网纹大理石波打线

❸ 密度板造型隔断

❹ 白松木装饰横梁

❺ 有色乳胶漆

❻ 木质装饰线混油

1 银镜装饰线

2 石膏板

3 强化复合木地板

4 有色乳胶漆

5 泰柚木饰面板

6 白色乳胶漆

❶ 有色乳胶漆

❷ 热熔玻璃

❸ 米黄洞石

❹ 肌理壁纸

❺ 雕花磨砂玻璃

❻ 茶镜装饰线

❼ 黑白根大理石波打线

❶ 有色乳胶漆
❷ 实木装饰立柱
❸ 米黄色亚光玻化砖
❹ 陶瓷锦砖
❺ 木质搁板
❻ 松木板吊顶
❼ 泰柚木饰面板

▶ 用实木来装饰立柱，木纹理是不受主人年龄限制的，无论家居的风格是古典的还是现代的，都可以将木材天然的纹理融入其中。特殊的图案本身就包括了原始和现代的设计风格，可以运用到各种材质上，和各种家居环境的搭配也比较容易。

参考价格：根据工艺要求议价

1. 印花壁纸
2. 木质踢脚线
3. 磨砂玻璃
4. 米白色玻化砖
5. 胡桃木装饰横梁
6. 有色乳胶漆
7. 仿古砖

❶ 木质搁板

❷ 仿古砖

❸ 装饰银镜

❹ 米色玻化砖

❺ 车边银镜

❻ 松木板吊顶

❼ 有色乳胶漆

❶ 有色乳胶漆

❷ 铝制百叶

❸ 强化复合木地板

❹ 白松木板吊顶

❺ 磨砂玻璃

❻ 文化石

❼ 木质踢脚线

① 有色乳胶漆

② 印花壁纸

③ 木质踢脚线

④ 密度板混油

⑤ 黑胡桃木饰面垭口

⑥ 白枫木装饰线

⑦ 木质踢脚线

❶ 米色洞石
❷ 肌理壁纸
❸ 陶瓷锦砖
❹ 木质踢脚线
❺ 强化复合木地板
❻ 浅灰网纹大理石
❼ 艺术玻璃

▶ 洞石因为石材的表面有许多孔洞而得名，其石材的学名是凝灰石或石灰华，商业上，将其归为大理石类。洞石的色调以米黄色居多，它使人感到温和，质感丰富，条纹清晰，用其装饰的建筑物常有强烈的文化和历史韵味。洞石具有良好的加工性、隔声性和隔热性，是优异的建筑装饰材料；洞石的质地细密，加工适应性高，硬度小，容易雕刻，适合用作雕刻用材和异型用材；洞石的颜色丰富，纹理独特，更有特殊的孔洞结构，有着良好的装饰性能。

参考价格：规格 600mm×600mm 65~120 元 / 片

❶ 印花壁纸

❷ 有色乳胶漆

❸ 黑白根大理石波打线

❹ 布艺软包

❺ 米黄色玻化砖

❻ 石膏顶角线

❼ 密度板混油

❶ 灰镜吊顶

❷ 仿古砖

❸ 印花壁纸

❹ 强化复合木地板

❺ 装饰茶镜

❻ 灰白洞石

❼ 仿木纹玻化砖

❶ 肌理壁纸

❷ 仿古砖

❸ 石膏顶角线

❹ 有色乳胶漆

❺ 大理石踢脚线

❻ 磨砂玻璃

❼ 条纹壁纸

❶ 条纹壁纸

❷ 胡桃木装饰横梁

❸ 有色乳胶漆

❹ 艺术地毯

❺ 轻钢龙骨装饰横梁

❻ 红樱桃木饰面板

❼ 陶瓷锦砖

❶ 石膏板拓缝

❷ 木质踢脚线

❸ 仿木纹玻化砖

❹ 仿古砖

❺ 强化复合木地板

❻ 密度板雕花隔断

❼ 车边银镜

❶ 雕花烤漆玻璃吊顶

❷ 黑白根大理石波打线

❸ 木质装饰线描银

❹ 密度板雕花隔断

❺ 磨砂玻璃

❻ 印花壁纸

❼ 茶色烤漆玻璃

▶ 雕花烤漆玻璃是一种极富表现力的装饰玻璃品种，附着力极强，健康安全，色彩选择性强，耐污性强，易清洗。雕花烤漆玻璃能够依靠花纹肌理造型、浓与疏的效果展现不同的韵味，能够营造出高贵柔和的效果，也能给人以半透明、模糊的感觉，使个性设计无限展露。

参考价格: 20~180元/m²

❶ 白枫木装饰线

❷ 原木饰面板

❸ 仿古砖

❹ 肌理壁纸

❺ 米色玻化砖

❻ 白色乳胶漆

❶ 木质搁板

❷ 红砖

❸ 密度板造型贴清玻璃

❹ 米黄网纹大理石波打线

❺ 印花壁纸

❻ 大理石踢脚线

清新浪漫
卧室

1 石膏装饰线

2 装饰银镜

3 布艺软包

4 有色乳胶漆

5 白枫木装饰线

6 仿木纹壁纸

7 木质踢脚线

❶ 印花壁纸

❷ 白枫木饰面板

❸ 条纹壁纸

❹ 木质踢脚线

❺ 有色乳胶漆

❻ 强化复合木地板

❼ 白枫木百叶

▶ 白枫木的材质结合百叶窗的造型来装饰卧室墙面，既美观又简洁利落，更能凸显主人的个性。现代人崇尚健康舒适的生活，木头在所有的装修材料中具有无可比拟的天然之美，使用木材还可以起到调温调湿的作用，其凹凸的质感、清晰的线条能够吸引人的注意，更使居室显得优美典雅。

参考价格: 110~580元/m²

1 白枫木装饰线

2 肌理壁纸

3 石膏顶角线

4 强化复合木地板

5 白色乳胶漆

6 仿古砖

1. 有色乳胶漆
2. 艺术地毯
3. 白枫木装饰线
4. 印花壁纸
5. 强化复合木地板
6. 羊毛地毯
7. 直纹斑马木饰面板

❶ 白枫木饰面板

❷ 印花壁纸

❸ 强化复合木地板

❹ 艺术地毯

❺ 有色乳胶漆

❻ 木质踢脚线

❶ 印花壁纸
❷ 桦木饰面板
❸ 强化复合木地板
❹ 石膏装饰线
❺ 石膏顶角线
❻ 白色乳胶漆

❶ 手绘墙饰

❷ 布艺软包

❸ 皮革装饰硬包

❹ 强化复合木地板

❺ 肌理壁纸

❻ 木质踢脚线

❶ 白枫木饰面板

❷ 印花壁纸

❸ 实木浮雕

❹ 白枫木装饰线

❺ 白桦木饰面板

❻ 强化复合木地板

1 印花壁纸

2 白枫木饰面板

3 白枫木装饰线

4 强化复合木地板

5 肌理壁纸

6 艺术地毯

❶ 铂金壁纸

❷ 强化复合木地板

❸ 白枫木百叶

❹ 有色乳胶漆

❺ 肌理壁纸

❻ 手绘墙饰

▶ 在挑选铂金壁纸时，可以用手直接触摸壁纸，如果感觉其图层实度以及左右的厚薄是一致的，则说明其质量比较好。也可以使用微湿的布稍用力擦拭纸面，如果纸面出现脱色或者脱层等现象，就表明质量不好。选购时应该根据居室的条件来选择合适的图案。例如，在矮小的房间里，就适合选用典雅、竖条、小花纹的铂金壁纸，以增加房间的视觉感。如果是高大的房间，则适合选用色调活泼的大花纹铂金壁纸来装饰，可以渲染出比较典雅、庄重的气氛，以增加充实感。

参考价格：规格（平方米/卷）：5.3平方米150~360元

① 有色乳胶漆

② 木质踢脚线

③ 铂金壁纸

④ 印花壁纸

⑤ 强化复合木地板

⑥ 条纹壁纸

⑦ 艺术地毯

1 布艺装饰硬包

2 木质百叶混油

3 印花壁纸

4 石膏顶角线

5 雕花银镜

6 装饰银镜

7 强化复合木地板

1 白枫木百叶

2 强化复合木地板

3 艺术地毯

4 水曲柳饰面板

5 石膏装饰线

6 印花壁纸

❶ 印花壁纸
❷ 木质踢脚线
❸ 有色乳胶漆
❹ 强化复合木地板
❺ 石膏装饰线
❻ 皮革装饰硬包

1 肌理壁纸

2 白枫木装饰线

3 木质装饰线描银

4 有色乳胶漆

5 木质踢脚线

6 印花壁纸

7 艺术地毯

❶ 木质搁板

❷ 印花壁纸

❸ 木质装饰线

❹ 木质踢脚线

❺ 艺术地毯

❻ 白色乳胶漆

❼ 实木地板

❶ 石膏顶角线

❷ 艺术地毯

❸ 有色乳胶漆

❹ 强化复合木地板

❺ 肌理壁纸

❻ 木质踢脚线

❶ 印花壁纸
❷ 艺术地毯
❸ 有色乳胶漆
❹ 皮纹砖
❺ 强化复合木地板
❻ 白枫木装饰线
❼ 白松木板吊顶

▶ 皮纹砖是仿动物原生态皮纹的瓷砖。皮纹砖克服了瓷砖坚硬、冰冷的材质局限，让人从视觉和触觉上可以体验到皮革的质感。其凹凸的纹理、柔和的质感，让瓷砖不再冰冷、坚硬。皮纹砖属于瓷砖类的一种产品，是时下一种时尚和潮流的象征。皮纹砖有着皮革的质感与肌理，还有着皮革制品的缝线、收口、磨边，让喜好皮革的追慕者在居家装饰中实现温馨、舒适、柔软的梦想。

参考价格：规格 600mm×600mm 18~30 元 / 片

① 白色玻化砖

② 羊毛地毯

③ 有色乳胶漆

④ 木质踢脚线

⑤ 印花壁纸

⑥ 艺术地毯

❶ 手绘墙饰

❷ 强化复合木地板

❸ 白枫木装饰线

❹ 条纹壁纸

❺ 木质踢脚线

❻ 白色乳胶漆

❼ 有色乳胶漆

清新浪漫
厨房

1 磨砂玻璃

2 铝扣板吊顶

3 铝制百叶

4 白色亚光墙砖

5 三氰饰面板

6 仿古砖

① 铝制百叶
② 米色人造大理石
③ 白松木板吊顶
④ 木纹大理石
⑤ 米色亚光玻化砖
⑥ 米色亚光墙砖

▶ 人造大理石具有重量轻、强度高、耐腐蚀、耐污染、施工方便等特点。而且其花纹图案可人为控制，是现代建筑理想的装饰材料。米色系的人造大理石能使室内空间显得宁静、平稳，更能使室内空间温馨不失雅致。

参考价格： 规格 800mm×800mm 120~200 元 / 片

① 热熔玻璃

② 铝扣板吊顶

③ 木纹亚光墙砖

④ 灰白网纹亚光墙砖

⑤ 木质踢脚线

⑥ 米色洞石

① 铝制百叶

② 有色乳胶漆

③ 三氰饰面板

④ 白色亚光墙砖

⑤ 泰柚木格栅

⑥ 大理石踢脚线

⑦ 米色网纹玻化砖

❶ 米白洞石

❷ 铝制百叶

❸ 三氰饰面板

❹ 布艺卷帘

❺ 陶瓷锦砖

❻ 米色亚光玻化砖

① 灰色洞石

② 三氰饰面板

③ 米白色玻化砖

④ 铝扣板吊顶

⑤ 陶瓷锦砖腰线

⑥ 热熔玻璃

❶ 三氰饰面板

❷ 釉面砖

❸ 米黄网纹大理石

❹ 三氰饰面板

❺ 钢化玻璃

❻ 米白色亚光玻化砖

1 釉面砖

2 白色亚光墙砖

3 三氰饰面板

4 木纹大理石

5 白色乳胶漆

6 雕花磨砂玻璃

7 黑镜装饰吊顶

▶ 雕花磨砂玻璃，是一种在磨砂玻璃的基础上雕出丰富图案的一种装饰性很强的艺术玻璃，与普通磨砂玻璃相比更具有立体的感觉。一般用于隔断、屏风、推拉门等处，在现代家居装饰中应用十分广泛。

参考价格： 厚 12 mm 200~360 元 /m²

① 铝制百叶
② 仿古砖
③ 米色亚光玻化砖
④ 白色人造大理石台面
⑤ 陶瓷锦砖
⑥ 白色抛光墙砖

① 三氰饰面板

② 白色亚光玻化砖

③ 艺术墙砖腰线

④ 米黄色亚光玻化砖

⑤ 白松木板吊顶

⑥ 白色亚光墙砖

清新浪漫
卫浴

1 陶瓷锦砖
2 米色网纹大理石
3 黑白根大理石
4 泰柚木饰面板
5 木纹大理石
6 中花白大理石

① 陶瓷锦砖

② 钢化热熔玻璃

③ 雕花银镜

④ 爵士白大理石

⑤ 米白色玻化砖

▶ 爵士白大理石的颜色白色肃静，质感丰富，纹理独特，美观大方，材质富有光泽，石质颗粒细腻均匀，格调高雅，是装饰豪华建筑的理想材料，也是艺术雕刻的传统材料。

参考价格： 165~180 元 /m²

1 陶瓷锦砖

2 米黄色亚光墙砖

3 黑白根大理石

4 松木板吊顶

5 铝制百叶

6 木纹大理石

① 米色亚光墙砖

② 仿古砖

③ 仿古墙砖

④ 铝制百叶

⑤ 陶瓷锦砖

⑥ 双色釉面砖拼贴

① 艺术墙砖

② 釉面砖

③ 陶瓷锦砖

④ 黑白根大理石

⑤ 白色抛光墙砖

⑥ 艺术墙砖腰线

❶ 皮纹砖

❷ 钢化玻璃

❸ 木纹大理石

❹ 陶瓷锦砖

❺ 黑色亚光墙砖

① 陶瓷锦砖拼花

② 云纹大理石

③ 中花白大理石

④ 钢化玻璃

⑤ 白松木板吊顶

⑥ 羊毛地毯

❶ 陶瓷锦砖

❷ 钢化玻璃

❸ 木纹大理石

❹ 爵士白大理石

❺ 釉面砖

❻ 艺术墙砖

❼ 雕花烤漆玻璃

▶ 艺术墙砖比普通墙砖更具有装饰效果，其运用当代先进的印刷技术，加上特殊的制作工艺，可以把任意图案印制到不同材质的普通墙砖上，让每一片墙砖成为一件艺术品。艺术墙砖的运用大大提升了整个空间的艺术感，更加彰显了主人的艺术气质。

参考价格： 规格 800mm×800mm 20~80 元 / 片

1 艺术墙砖
2 陶瓷锦砖
3 米黄色抛光墙砖
4 米色网纹大理石
5 米黄洞石
6 木质搁板
7 木质卷帘

❶ 艺术墙砖

❷ 白色抛光墙砖

❸ 黑白根大理石

❹ 中花白大理石

❺ 釉面砖

❻ 木纹大理石